A B C

THÉORIQUE D'AGRICULTURE

A L'USAGE DES ÉCOLES PRIMAIRES

PAR

M. Léon FERET

OFFICIER D'ACADÉMIE

Président honoraire de la Société d'Agriculture de Pont-l'Évêque.

« Il faut commencer par le
« commencement »

Quatrième édition.

PRIX : 75 CENTIMES.

PARIS	CAEN
CHEZ MM. DELAGRAVE ET Cie	TYP. DE F. LE BLANC-HARDEL
LIBRAIRES-ÉDITEURS	ÉDITEUR
78, rue des Écoles, 78	Rue Froide, 2 et 4

1875

S

A B C

THÉORIQUE D'AGRICULTURE

A L'USAGE DES ÉCOLES PRIMAIRES

PAR

M. Léon FERET

OFFICIER D'ACADÉMIE

Président honoraire de la Société d'Agriculture de Pont-l'Évêque, etc.

« Il faut commencer par le
« commencement. »

Quatrième édition.

PRIX : 75 CENTIMES.

PARIS

CHEZ MM. DELAGRAVE ET Cie

LIBRAIRES-ÉDITEURS

78, rue des Écoles, 78

CAEN

TYP. DE F. LE BLANC-HARDEL

ÉDITEUR

Rue Froide, 2 et 4

1875

HOMMAGE

A LA SOCIÉTÉ D'AGRICULTURE

DE PONT-L'ÉVÊQUE

Parmi les forces vives d'une nation, il faut compter, en première ligne, l'agriculture ; mais pour qu'elle se maintienne au rang qui lui est assigné, elle doit avoir sa place marquée dans toute nos écoles.

Pour mon compte, je n'hésite pas à demander à M. le Ministre de l'Instruction publique qu'il veuille bien la faire entrer officiellement dans le programme de l'enseignement primaire.

Au siècle où nous vivons, on veut faire vite ; on a raison. Mais, avant tout, il faut faire bien ; or, pour cela, il faut, de toute nécessité, *commencer par le commencement*, c'est-à-dire par la théorie, qui, en toutes choses, doit précéder la pratique. Mettre la pratique avant la théorie, c'est exactement comme si, dans la construction d'un édifice, on négligeait de consolider la base pour s'occuper particulièrement de fortifier le faîte. Un pareil édifice, s'il pouvait s'élever, ne resterait debout que quelques moments.

Il en est de même de tout enseignement qui met la pratique avant la théorie : si l'on en obtient, par hasard, de bons résultats, ils n'ont qu'une durée très-éphémère.

Si l'agriculture est dans un état d'infériorité relativement aux autres industries, c'est que tous nos agriculteurs sont des hommes seulement pratiques, ignorant complètement, ou à peu près, la théorie.

Que de tâtonnements, que d'incertitudes, que de déceptions nos cultivateurs auraient évités, s'ils avaient appris la théorie de l'agriculture !

Ils possèdent un sol qu'ils arrosent de leurs sueurs, et ils ne connaissent pas sa composition !

Ils emploient des amendements et des engrais, et ils ignorent, le plus souvent, leur action sur le sol et sur les végétaux !

Ils cultivent des plantes, et ils n'ont pas la moindre idée de la structure et des phénomènes si intéressants de la vie végétale !

Ils possèdent des animaux domestiques, et ils ne savent rien de leur structure, ni du merveilleux fonctionnement de leurs organes !

C'est tout cela qu'ils devraient connaître avant de se mettre à l'œuvre, et c'est tout cela qu'ils ignorent le plus souvent.

Telle est l'affligeante situation d'un grand nombre de nos cultivateurs devant la science agricole. Tant que cette situation se prolongera, l'agriculture restera stationnaire, ou à peu près ; ses efforts seront stériles et ses intérêts souvent compromis.

Notre conclusion sera donc : que les instituteurs primaires devraient se livrer à l'enseignement théorique de l'agriculture.

Nous n'entendons pas cependant exclure quelques conseils pratiques que les instituteurs pourraient donner, quelques expériences, quelques applications qu'ils pourraient faire lorsqu'ils en auraient la possibilité. Ils pourraient même, à certains jours de congé, faire assister leurs élèves aux labours, aux semailles, à la récolte des blés, des foins, etc., à la taille et au greffage des arbres fruitiers, les conduire visiter quelques exploitations agricoles, etc. Les leçons théoriques, appuyées ainsi sur des faits, des expériences, et expliquées à pied-d'œuvre, sont beaucoup mieux comprises et se gravent plus profondément dans l'esprit.

Afin de faciliter la tâche des instituteurs, nous

avons rédigé, spécialement pour eux et leurs élèves, l'*A B C théorique d'agriculture.*

Nous offrons aujourd'hui la quatrième édition de ce travail, que nous nous sommes efforcé de rendre le plus élémentaire possible.

Nous regardons l'agriculture comme une des professions les plus nobles et les plus utiles, c'est aussi une science des plus intéressantes et pour laquelle beaucoup de personnes se passionneraient assurément, si elles la connaissaient bien. Ce sont les éléments de cette science, si complexe et si vaste, à cause des nombreux emprunts qu'elle fait aux autres sciences, que nous avons essayé de mettre à la portée de la jeunesse, à laquelle nous ne cesserons de répéter que le moyen d'avancer sûrement et avec succès dans la voie du progrès, c'est de *commencer par le commencement.*

Léon FERET.

Nyons, 1874.

A B C

THÉORIQUE D'AGRICULTURE

A L'USAGE DES ÉCOLES PRIMAIRES.

<hr>

CHAPITRE Ier.

Du sol. — Sa composition. — Sa formation.

Du sol ou terre végétale.

1. — *L'agriculture* est l'art de cultiver la terre.

2. — *Cultiver la terre*, c'est la préparer, la disposer de manière à la faire produire le plus possible, en ayant soin de réparer les altérations qu'on lui aura fait subir.

3. — La *terre*, considérée au point de vue de l'agriculture, prend les différents noms de : *sol*, *terre végétale*, *cultivable* ou *arable*.

4. — Le *sol* ou *terre végétale* est le milieu dans lequel sont fixées les plantes et où elles puisent, par leurs racines, la plus grande quantité des aliments destinés à les nourrir.

Composition du sol.

5. — Le sol se compose de *débris animaux* et *végétaux* mélangés, dans une proportion plus ou moins grande, à des matières minérales.

6. — On appelle *débris animaux* et *végétaux,* ou *débris organiques,* parce qu'ils proviennent d'êtres organisés, toutes les parties qui restent des animaux et des végétaux après leur décomposition.

7. — Les principaux débris animaux sont : le *sang*, les *os*, la *chair*, la *peau*, les *poils*, les *plumes*, etc.

Les principaux débris végétaux sont : les *feuilles* qui tombent des arbres, les *chaumes* des blés et les *pailles* qui restent après la moisson, les *tiges*, les *jeunes pousses* des plantes, etc.

8. — Le résultat de la décomposition, à l'air libre, des débris animaux et végétaux, forme ce qu'on appelle l'*humus* ou *terreau.*

9. — On reconnaît deux sortes d'humus ou terreau : le *terreau doux*, qui est composé de débris animaux et végétaux mélangés avec quelques parties minérales du sol, et le *terreau aigre* ou *acide*, ou *terre de bruyère*, qui se compose presque exclusivement de feuilles et de plantes. Ce dernier terreau est à peu près complètement impropre à la végétation.

10. — On entend par *matières minérales*, des parties qui se détachent de la masse du globe terrestre sous l'action de l'air, des eaux, du soleil, des gelées, des labours, etc.

11. — Les principales matières minérales sont : l'*argile*, la *chaux* et le *sable*.

12. — Les éléments ou terres élémentaires qui constituent le sol sont donc : l'*argile*, la *chaux* et le *sable*, mélangés avec une quantité plus ou moins grande d'*humus* ou *terreau*.

13. — Chacune de ces terres élémentaires, prise isolément, ne possède presque aucune qualité végétative ; mais leur mélange, dans des proportions convenables, constitue le meilleur sol.

14. — La composition du sol varie à l'infini. Outre les substances que nous venons de signa-

ler, il en renferme un grand nombre d'autres d'une importance secondaire.

Formation du sol.

15. — Comment le sol s'est-il formé ?

Généralement, on admet que la couche végétale a été formée par la décomposition plus ou moins rapide des diverses couches géologiques composant la masse du globe terrestre. Toutefois, le sol des vallées basses, arrosées par des cours d'eau, paraît plutôt être, en grande partie, le résultat des vases ou des limons entraînés par les eaux.

QUESTIONNAIRE.

1. — Qu'est-ce que l'agriculture ?
2. — Qu'entend-on par cultiver la terre ?
3. — Comment s'appelle la terre, considérée au point de vue de l'agriculture ?
4. — Qu'est-ce que le sol ?
5. — De quoi se compose-t-il ?
6. — Qu'entend-on par débris végétaux ou animaux ?
7. — Indiquez quelques débris animaux et végétaux.
8. — Qu'est-ce que l'humus ou terreau ?
9. — Combien de sortes de terreau ? Leur composition.
10. — Qu'entend-on par matières minérales ?

11. — Quelles sont les principales matières minérales ?

12. — Nommez les éléments constitutifs du sol ou terres élémentaires.

13. — Chacun des éléments du sol, pris isolément, est-il propre à la végétation ?

14. — Le sol renferme-t-il d'autres substances que celles que nous avons nommées ?

15. — Quelle est l'opinion généralement admise relativement à la formation du sol ?

CHAPITRE II.

Des diverses sortes de sols.

1. — On a classé les sols de diverses manières. La classification que nous préférons est celle qui reconnaît trois sortes de sols.

2. — Ce sont : les *sols argileux* ou *glaiseux*, les *sols calcaires* et les *sols sablonneux* ou *siliceux*.

Dans le sol argileux, c'est l'argile qui domine ; dans le sol calcaire, c'est la chaux ; dans le sol sablonneux ou siliceux, c'est le sable ou silice.

Sol argileux ou glaiseux.

3. — Le *sol argileux* ou *glaiseux* est com-

pacte ; il conserve l'humidité. Dans les temps de pluie, il est collant et pâteux ; dans les sécheresses, il se fendille et devient très-dur. Les sols argileux prennent encore le nom de *terres fortes.*

Sol calcaire.

4. — Le *sol calcaire* est celui qui absorbe facilement les rayons solaires ; il retient peu l'humidité. On l'appelle encore *terre chaude* ou *ardente*, à cause de l'activité avec laquelle la végétation s'y développe.

Sol sablonneux ou siliceux.

5. — Le *sol sablonneux* ou *siliceux* est sec, sans consistance, laissant filtrer l'eau, au fur et à mesure qu'elle tombe. On le connaît généralement sous le nom de *terre légère.*

Sol tourbeux.

6. — On pourrait ajouter une quatrième sorte de sol, appelé *sol tourbeux.*

7. — Ce sol, complètement impropre à la végétation, est formé de débris végétaux dont la

décomposition a eu lieu dans l'eau. L'aspect des sols tourbeux est d'un brun noirâtre ; ils sont spongieux et élastiques, et perdent, en se desséchant, une grande quantité de leur poids.

On emploie quelquefois la tourbe pour remplacer le bois de chauffage.

8. — On appelle *terre franche* ou *normale*, celle dans laquelle les éléments que nous venons d'indiquer (*argile*, *chaux* et *sable* mélangés avec l'humus) figurent dans une proportion à peu près égale.

QUESTIONNAIRE.

1. — Combien y a-t-il de sortes de sols ?
2. — Nommez-les.
3. — Qu'est-ce que le sol argileux ou glaiseux ?
4. — Qu'est-ce que le sol calcaire ?
5. — Qu'est-ce que le sol sablonneux ou siliceux ?
6. — Qu'est-ce que le sol tourbeux ?
7. — Ce sol est-il propre à la végétation ?
8. — Qu'appelle-t-on terre franche ou normale ?

CHAPITRE III.

Des conditions auxquelles doit satisfaire une bonne terre végétale. — Des diverses sortes de sous-sols.

—

Conditions d'une bonne terre végétale.

1. — Pour qu'une terre végétale soit bonne, il faut :

1° Qu'elle soit suffisamment divisée, ou, en d'autres termes, assez meuble pour que les racines des végétaux puissent y pénétrer facilement ;

2° Qu'elle offre une ténacité telle que les végétaux puissent y rester fixés malgré les ébranlements occasionnés par les vents ou provenant d'autres causes extérieures ;

3° Il faut qu'elle laisse circuler facilement les eaux dans ses diverses couches, c'est-à-dire qu'elle soit suffisamment perméable ;

4° Qu'elle soit suffisamment légère pour que l'air et la chaleur, ainsi que certains gaz, aient un facile accès dans toutes ses parties ;

5° Il faut qu'elle possède une capillarité suffisante.

2. — D'après ce que nous venons de dire, on peut définir la *perméabilité :* la faculté que possède le sol de laisser circuler facilement les liquides. Le sol est *imperméable*, lorsque l'eau ou tout autre liquide y circule difficilement.

3. — La *capillarité* est une force qui détermine l'ascension et les infiltrations des liquides dans le sol. C'est en vertu de la capillarité que les liquides ou les solutions contenues dans le sol arrivent aux racines des végétaux et même jusqu'à la surface du sol.

4. — Les éponges, les pierres tendres, le sucre, jouissent d'une grande capillarité ; aussi suffit-il de mettre un point quelconque de ces substances en contact avec un liquide, pour voir immédiatement ce liquide pénétrer dans toutes leurs parties.

La force capillaire agit avec plus ou moins d'intensité, selon que le sol est plus ou moins perméable.

5. — Il faut bien se garder de confondre la capillarité avec la perméabilité. Cette dernière qualité du sol aide puissamment à l'accomplissement des phénomènes capillaires.

6. — Au-dessous du sol ou terre végétale, se

trouve immédiatement une couche qu'on appelle *sous-sol.*

7. — De même qu'il y a trois espèces de sols, il y a aussi trois espèces de sous-sols qui prennent les noms des sols.

Diverses sortes de sous-sols.

8. — On reconnaît donc les sous-sols *argileux, calcaires* et *sablonneux* ou *siliceux.*

9. — Le sous-sol a une grande influence sur la qualité du sol.

10. — Il est presque complètement infertile, étant privé, à cause de la couche végétale qui le recouvre, de l'influence de l'air et de la lumière. Le moyen de le rendre fertile, c'est de le ramener, peu à peu, à la surface du sol.

11. — Pour les sols argileux, les sous-sols sablonneux et calcaires sont les plus convenables, parce qu'ils laissent écouler facilement l'humidité et que, mélangés avec le sol, ils le divisent et le rendent moins compacte.

Pour les sols calcaires, les sous-sols argileux sont les plus convenables, parce qu'ils retiennent l'humidité et tempèrent la chaleur du sol.

Pour les sols sablonneux, les sous-sols argileux sont aussi les plus convenables, parce qu'ils retiennent l'humidité qui passe facilement à travers le sol et que, mélangés à ce dernier, ils le rendent moins léger et lui donnent ce qu'on appelle du *corps*.

QUESTIONNAIRE.

1. — Quelles sont les principales conditions pour qu'une terre végétale soit bonne ?

2. — Qu'entend-on par perméabilité du sol ?

3. — Qu'est-ce que la capillarité du sol ?

4. — Nommez quelques substances offrant une grande capillarité.

5. — N'existe-t-il pas une différence entre la capillarité du sol et sa perméabilité ?

6. — Qu'entend-on par sous-sol ?

7. — Combien y a-t-il d'espèces de sous-sols ?

8. — Nommez-les.

9. — Le sous-sol a-t-il une grande influence sur la qualité du sol ?

10. — Le sous-sol est-il fertile ?

11. — Quel est le sous-sol qui convient le mieux au sol argileux ? — au sol calcaire ? — au sol sablonneux ?

CHAPITRE IV.

Des procédés et agents fertilisateurs du sol. — Distinction entre les amendements et les engrais.

1. — Lorsque le cultivateur possède bien la connaissance du sol, son plus grand soin doit être de rechercher d'abord les moyens d'en faire le meilleur sol possible, et ensuite, quelles sont les substances ou agents qui peuvent servir avantageusement à la nourriture des végétaux.

2. — Ces divers moyens et agents, dont la connaissance est si importante aux agriculteurs, comprennent ;

1° Les pratiques destinées à fertiliser le sol, que nous appellerons *procédés fertilisateurs du sol ;*

2° Les substances ou corps qui servent à amender le sol ; nous les désignerons sous le nom *d'agents fertilisateurs du sol* ou *d'amendements ;*

3° Les substances ou corps servant à la nourriture des végétaux ; nous les appellerons *agents nourriciers des végétaux* ou *engrais.*

Nous allons étudier séparément chacune de ces classes de procédés et agents agricoles, puis établir une distinction entre les amendements et les engrais.

Procédés fertilisateurs.

3. —Les procédés fertilisateurs du sol sont, avons-nous dit, toutes les pratiques employées pour contribuer à l'amélioration du sol.

4. — Les principaux procédés fertilisateurs sont : l'*assainissement*, l'*irrigation*, le *labourage*, le *binage*, le *hersage*, le *roulage*, et l'*écobuage*.

5. — L'*assainissement* est une opération qui a pour but de débarrasser le sol de l'excès d'humidité qu'il peut contenir.

L'assainissement se pratique au moyen de fossés, de rigoles, d'empierrements, etc.

6. — Le procédé d'assainissement le plus répandu et qui paraît le meilleur s'appelle *drainage*. Il s'opère au moyen de tuyaux en terre cuite disposés à une certaine profondeur et d'après certaines règles. Le drainage a pour résultat avantageux, non-seulement d'enlever l'excès d'humidité du sol, mais encore de favoriser, dans ses diverses couches, la libre circulation de l'air et de la chaleur.

7. — L'*irrigation* est l'arrosement du sol au moyen de rigoles. Cette pratique a pour but de rendre à la terre et aux végétaux l'humidité qu'ils ont pu perdre par suite de la sécheresse ou d'une trop grande perméabilité du sol. L'irrigation a encore pour but quelquefois d'enrichir le sol de certains principes fertilisants contenus dans l'eau.

8. — Le *labourage* est l'action de remuer le sol, plus ou moins profondément, soit à bras, soit au moyen de la charrue ; c'est un procédé très-important de fertilisation ; il agit de plusieurs manières :

1° Il permet à la chaleur, à l'eau et à l'air de pénétrer facilement dans le sol, qu'il rend plus perméable ;

2° Il aide au développement et à l'extension des racines en ameublissant le sol ;

3° Il facilite le mélange, avec les diverses parties du sol, des amendements et des engrais ;

4° Il détruit les mauvaises herbes et une grande quantité d'insectes nuisibles.

Les *défrichements* et *défoncements* peuvent être considérés comme des labourages.

9. — Le *binage* est une opération qui consiste à donner aux plantes un léger labourage. Le binage a pour effet de diviser et d'ameublir la couche du sol autour du pied des végétaux et de permettre ainsi à l'air, à la chaleur et à la rosée d'agir sur les racines. Enfin, par le binage, on débarrasse les végétaux d'une foule de plantes nuisibles à leur développement.

10. — Le *hersage* est une opération qui sert à émietter les mottes de terre qui restent après le labourage. Le hersage ameublit la surface du sol et enlève les mauvaises herbes qui s'y trouvent ramenées par le labourage ; enfin, le hersage répand une couche à peu près égale de terre fine sur les graines confiées à la terre.

11. — Le *roulage* a pour but d'écraser les mottes de terre soulevées par la charrue et de tasser la surface du sol. Il en résulte qu'étant rendu moins perméable, l'humidité, ainsi que certains gaz, sont retenus, dans le sol, en quantité suffisante pour favoriser la germination des graines.

12. — L'*écobuage* est une opération qui consiste à brûler, sur le sol, des fragments de tiges et de racines encore adhérents à une portion de terre. L'écobuage consiste encore à brûler, toujours sur le sol, des gazons qu'on a eu soin d'enlever et de disposer convenablement pour pratiquer la combustion.

Une fois les plantes ou les gazons réduits en cendres, on opère le mélange de ces cendres avec le sol au moyen de la charrue.

L'écobuage se pratique dans les friches qu'on veut livrer à la culture.

Un des avantages de l'écobuage est de débarrasser le sol des mauvaises herbes, de détruire ou d'éloigner certains animaux nuisibles. Disons, en passant, que cette pratique est mauvaise dans les terrains calcaires et sablonneux, en un mot, dans tous les sols légers et secs ; elle n'est avantageuse que dans les sols argileux, parce qu'elle les divise et les rend plus perméables.

QUESTIONNAIRE.

1. — Lorsque le cultivateur connaît le sol, quel doit être son premier soin ?

2. — Que comprennent les moyens et agents employés pour fertiliser le sol et pour nourrir les végétaux ?

3. — Qu'entend-on par procédés fertilisateurs du sol ?

4. — Indiquez les principaux procédés fertilisateurs du sol.

5. — Qu'est-ce que l'assainissement ? — Ses effets.

6. — Qu'est-ce que le drainage ? — Ses effets.

7. — Qu'est-ce que l'irrigation ? — Ses effets.

8. — Qu'est-ce que le labourage ? — Ses effets.

9. — Qu'est-ce que le binage ? — Ses effets.

10. — Qu'est-ce que le hersage ? — Ses effets.

11. — Qu'est-ce que le roulage ? — Ses effets.

12. — Qu'est-ce que l'écobuage ? — Ses effets.

CHAPITRE V.

Des agents fertilisateurs du sol ou amendements.

1. — On appelle *agents fertilisateurs du sol* ou *amendements proprement dits*, une classe d'agents qui servent à amender le sol.

2. — Ils se divisent en *amendements principaux* et en *amendements secondaires*.

3. — Les amendements principaux sont : l'*argile*, la *chaux*, le *sable* et le *terreau*.

4. — L'*argile* est une terre élémentaire contenant une quantité plus ou moins grande d'alumine (1).

(1) L'alumine est une substance très-répandue dans la nature. Il est très-rare de la retrouver à l'état de pureté ; elle est ordinairement terreuse, blanchâtre ou jaunâtre. C'est elle qui rend l'argile collante.

5. — La *chaux* est une substance d'un blanc jaunâtre, absorbant facilement l'humidité.

6. — Lorsque l'absorption de l'humidité a eu lieu en certaine quantité, la chaux prend le nom de *chaux éteinte.*

La *chaux vive* est celle qui n'a pas encore absorbé l'humidité.

La chaux existe abondamment dans la nature, notamment dans les écailles d'huîtres, dans certaines pierres et dans certaines cendres. Elle n'existe pas à l'état libre, mais combinée avec des acides, surtout avec les acides carbonique, sulfurique, phosphorique.

On a pensé longtemps que la chaux ne constituait qu'un amendement, mais aujourd'hui il est bien constaté que c'est, en même temps, un excellent engrais, car on la retrouve dans les végétaux, ce qui prouve qu'ils s'en nourissent.

7. — Le *sable* est de la silice très-divisée en petits grains durs souvent grisâtres ; les pierres à fusil, les grès, les pierres meulières, les pierres à repasser ne sont autre chose que de la silice. C'est aussi un engrais, car cette substance se retrouve également dans les végétaux.

8. — L'*humus* ou *terreau*, nous l'avons vu, est une terre résultant de la décomposition des débris animaux et végétaux. Le terreau est d'un aspect brunâtre.

9. — La chaux, le sable et l'humus ameublissent le sol, le rendent plus léger et augmentent sa perméabilité. La chaux a, en outre, une action chimique.

10. — L'argile agit autrement : elle rapproche et unit entr'elles les parties du sol, elle le rend plus compact et diminue sa perméabilité. Ainsi, par un emploi judicieux des amendements, on peut mettre le sol dans les meilleures conditions de production.

Les *amendements secondaires* sont appelés ainsi parce que, ne constituant pas les éléments du sol, ils ne sont pas indispensables à la végétation ; par suite, leur rôle n'est que secondaire.

11. — Les amendements secondaires sont : la *marne*, le *plâtre*, les *plâtras*, le *falun* ou *marne coquillière*, les *cendres*, les *scories*, les *tangues*, les *substances salines*, etc.

12. — La *marne* est une substance d'un blanc jaunâtre ; elle est composée de chaux, d'argile et d'une petite quantité de sable. Nous dirons de la marne ce que nous avons dit de la chaux ; elle agit, non pas seulement comme amendement, mais encore comme engrais, à cause du sable et surtout de la chaux qu'elle contient.

13. — Il y a trois sortes de marnes : la *marne argileuse*, la *marne calcaire* et la *marne siliceuse*. On lui donne le nom de la substance qui domine dans sa composition.

14. — Le *plâtre* ou *sulfate de chaux*, ainsi que l'appellent les chimistes, est une substance blanche, dont un des principaux éléments est la chaux ; c'est non-seulement un amendement, mais aussi un engrais très-puissant, qui ne convient qu'à deux ou trois familles.

15. — Les *plâtras* sont des débris provenant de démolitions ; ils sont composés de divers éléments, principalement de chaux et de plâtre. Les plâtras peuvent donc aussi figurer au nombre des engrais.

16. — Le *falun* ou *marne coquillière* est un assemblage de petites coquilles, pour la plupart brisées, dont on trouve des amas, plus ou moins considérables, tantôt dans l'intérieur des terres, tantôt au bord de la mer. Il en existe de véritables mines dans la Touraine. Le falun

agit à peu près comme la chaux et les plâtras, c'est donc encore à la fois un amendement et un engrais.

17. — Les *cendres* sont le résultat de la combustion des substances végétales et animales. Au point de vue de l'agriculture, on en distingue quatre espèces principales, ce sont :

1° *Les cendres de bois ;*

2° *Les cendres de tourbe ;*

3° *Les cendres de houille ;*

4° *Les cendres d'os.*

Les cendres de bois sont les meilleures, aussi appartiennent-elles à la fois aux amendements et aux engrais.

Les cendres de tourbe, de houille et d'os ne constituent que de faibles amendements.

18. — Les *scories* sont une sorte d'écume provenant de la fonte du fer. Lorsqu'elles sont fraîches, elles ont l'apparence du verre de bouteille. Au bout de quelques années qu'elles sont à l'air, elles se réduisent en poussière et prennent un aspect terreux. Elles contiennent du fer et de la silice, elles agissent à la fois comme amendement et comme engrais.

19. — Les *tangues* sont des sables de mer mêlés à des vases.

20. — Les *substances salines* sont ainsi appelées parce qu'elles contiennent du sel. Le sel (chlorure de sodium) est un corps d'un blanc grisâtre, très-répandu dans la nature. On le considère quelquefois comme engrais, mais, à ce point de vue, il produit des effets assez capricieux.

QUESTIONNAIRE.

1. — Qu'appelle-t-on agents fertilisateurs du sol ou amendements ?

2. — Combien y a-t-il de sortes d'amendements ?

3. — Nommez les amendements principaux.

4. — Qu'est-ce que l'argile ?

5. — Qu'est-ce que la chaux ?

6. — Combien de sortes de chaux ?

7. — Qu'est-ce que le sable ou silice ?

8. — Qu'est-ce que le terreau ?

9. — Quel est le mode d'action de la chaux, du sable et du terreau ?

10. — Quel est le mode d'action de l'argile ?

11. — Nommez les amendements secondaires.

12. — Qu'est-ce que la marne ?

13. — Combien de sortes de marnes ?

14. — Qu'est-ce que le plâtre ?

15. — Qu'est-ce que les plâtras ?

16. — Qu'est-ce que le falun ou marne coquillière ?

17. — Qu'est-ce que les cendres ?

18. — Qu'est-ce que les scories?
19. — Qu'est-ce que les tangues?
20. — Qu'est-ce que les substances salines?

CHAPITRE VI.

Des agents nourriciers des végétaux, ou engrais.

1. — On appelle *agents nourriciers des végétaux*, ou *engrais proprement dits*, toutes les substances animales, végétales et minérales qui servent à la nourriture des végétaux. Les substances assimilées par les végétaux, et qu'on retrouve après leur décomposition, sont, on le comprend sans peine, les véritables engrais ou aliments qui leur conviennent. En fournissant donc au sol ces substances en quantité convenable, les végétaux les y retrouveront et se les assimileront de nouveau. Cet intéressant phénomène de composition et de décomposition, qui existe dans la vie des plantes comme dans la vie des animaux, prouve que la vie physique, dans la plante comme dans l'animal, accomplit ses évolutions dans un cercle continu où rien ne se perd, mais où tout se transforme.

Plusieurs auteurs qui ont traité des engrais

enseignent qu'ils se composent de substances végétales et animales ; ils en excluent les substances minérales. Ils ont tort, selon nous, car il existe certaines substances minérales qui, ainsi que nous l'avons déjà vu, peuvent être considérées comme de véritables engrais.

2. — De ce nombre sont : la *chaux*, la *marne*, le *sable* ou *silice*, le *plâtre*, les *plâtras*, les *cendres*, le *falun*, le *sel marin*, etc. En effet, on retrouve, dans les végétaux : de la chaux, de la silice et de la soude, fournies par les substances qui précèdent ; donc les végétaux se nourrissent de ces substances.

3. — Nous sommes conduits à reconnaître plusieurs sortes d'engrais :

1° Les engrais provenant des animaux ;

2° Les engrais provenant des végétaux ;

3° Les engrais provenant des minéraux ;

4° Enfin, les engrais mixtes, provenant des substances animales, végétales et minérales.

4. — Les principaux engrais provenant des animaux sont : la *chair*, le *sang*, les *os*, les *tendons*, la *laine*, les *plumes*, les *poils*, les *peaux*, les *excréments*, les *urines*, les *matières fécales* et le *guano*.

5. — Les *matières fécales* s'emploient tantôt à l'état liquide, tantôt à l'état solide; à l'état liquide, elles prennent le nom de *gadoue* ou *engrais flamand.*

6. — A l'état solide, on les appelle *poudrette.*

7. — Le *guano* est composé d'excréments, de plumes et d'ossements d'oiseaux. On en trouve des gisements considérables sur les côtes du Pérou et de la Patagonie.

8. — Les principaux engrais provenant des végétaux sont : les *feuilles*, les *chaumes*, les *récoltes enfouies*, les *marcs de pommes* et de *raisins*, les *pulpes de betteraves*, les *tourteaux de colza* et de *lin*, les *varechs* ou *goëmons*, les *cendres de mer*, les *cendres de bois*, la *suie provenant du bois*, etc.

9. — Les *pulpes de betteraves* sont des résidus analogues aux marcs de pommes, que tout le monde connaît.

10. — Les *tourteaux de colza* et de *lin* sont des espèces de galettes, formées par les résidus des graines de colza et de lin dont on a extrait l'huile.

11. — Les *varechs* ou *goëmons* sont des plantes

marines qui se développent sur les rochers que couvrent souvent les vagues.

12. — Les *cendres de mer* sont le résidu des plantes marines après la combustion.

13. — Les principaux engrais provenant des minéraux sont : la *chaux*, la *marne*, le *plâtre*, le *plâtras*, le *sable* ou *silice*, le *falun* ou *marne coquillière*, le *sel marin*, les *écailles d'huîtres*, etc.

14. — Les principaux engrais mixtes sont : le *fumier de ferme*, les *boues des rues*, le *noir animal*, les *composts*, l'*eau*, l'*humus* ou *terreau*.

15. — Les *fumiers de ferme* sont des engrais composés de déjections animales, mélangées avec des débris végétaux, tels que des pailles, des feuilles, etc.

16. — On distingue deux sortes de fumiers : les *fumiers chauds* et les *fumiers froids*.

17. — Les *fumiers chauds* sont ceux qui proviennent des volailles, des pigeons, en un mot, de tous les oiseaux ; ces fumiers prennent le nom de *colombine*.

Les *fumiers chauds* proviennent encore du cheval, du mouton, du lapin.

Les *fumiers froids* sont ceux des bêtes à cornes et des cochons.

18. — Les *boues des rues* sont composées, le plus souvent, de matières animales, végétales et minérales.

19. — Le *noir animal* est un engrais composé de charbon, d'os et de sang.

20. — Le *compost* est un mélange, en proportions différentes, de plusieurs espèces d'engrais.

21. — Les substances qui peuvent entrer, le plus ordinairement, dans la formation des compots sont très-nombreuses, et souvent le cultivateur les laisse perdre. Les principales sont : les boues et fumiers des villes, le tan, la sciure de bois, les feuilles des arbres, les pailles, les tiges de colza, de pommes de terre, les feuilles de betteraves, de carottes, de choux, les épluchures de légumes, les marcs de pommes, de raisin, de café, les eaux ménagères, les cendres, les charrées, les suies, les vases des fossés, des étangs, le sang, les intestins, les peaux, les os des animaux, les eaux de savon, etc. A cette liste, qui pourrait être beaucoup plus longue, il serait bon d'ajouter le purin, la chaux et le sel marin.

22. — L'*eau* peut aussi être considérée comme un engrais mixte, à cause des principes nom-

breux qu'elle contient, suivant son origine. Nous verrons plus loin quels sont ces principes. Disons, dès à présent, quels sont les principaux effets de l'eau sur le sol et sur les végétaux.

23 — L'eau introduite dans le sol permet aux racines des végétaux de s'étendre et de se développer plus facilement ; elle dissout les éléments qui servent à la nourriture des plantes ; elle aide à l'absorption de ces mêmes éléments, en leur offrant le moyen de pénétrer dans toutes les parties du végétal. Elle pourrait donc aussi, jusqu'à un certain point, être considérée comme un amendement.

24. — Nous connaissons la composition de l'humus ou *terreau* ; quelques auteurs l'ont rangé parmi les engrais, par cette raison que, selon eux, il contient des matières organiques toutes formées, qu'il fournit directement aux végétaux.

M. Déguin ne partage pas cette opinion. Il pense que le terreau emprunte de l'oxygène et de l'azote à l'air atmosphérique, qu'il condense ces gaz dans ses pores et détermine de l'acide carbonique et de l'ammoniaque, qu'il fournit aux végétaux.

Pour nous, nous admettons volontiers que le terreau contient des matières organiques toutes formées et qu'il peut condenser, en même temps, certains gaz utiles à la végétation ; aussi le rangeons-nous parmi les engrais mixtes, tout en le considérant également comme un amendement principal.

QUESTIONNAIRE.

1. — Qu'entend-on par agents nourriciers des végétaux ou engrais ?

2. — Quelles sont les substances minérales qui peuvent être considérées comme de véritables engrais ?

3. — Combien y a-t-il de sortes d'engrais ?

4. —Quels sont les principaux engrais provenant des animaux ?

5. — Qu'appelle-t-on gadoue ou engrais flamand ?

6. — Qu'est-ce que la poudrette ?

7. — Qu'est-ce que le guano ?

8. — Quels sont les principaux engrais provenant des végétaux ?

9. — Qu'est-ce que la pulpe de betteraves ?

10. — Qu'est-ce que les tourteaux de colza et de lin ?

11. — Qu'est-ce que les varechs ou goëmons ?

12. — Qu'est-ce que les cendres de mer ?

13. — Quels sont les principaux engrais provenant des minéraux ?

14. — Quels sont les principaux engrais mixtes ?

15. — Qu'appelle-t-on fumiers de ferme ?

16. — Combien y a-t-il de sortes de fumiers ?

17. — Qu'appelle-t-on fumiers chauds ? — fumiers froids ?

18. — De quoi sont composées les boues des rues ?

19. — Qu'est-ce que le noir animal ?

20. — Qu'est-ce qu'un compost ?

21. — Nommez les principales substances pouvant servir à la formation d'un compost ?

22. — L'eau est-elle aussi un engrais mixte ?

23. — Quels sont les effets de l'eau sur le sol et sur les végétaux ?

24. — Le terreau est-il un engrais mixte ?

CHAPITRE VII.

De la distinction à établir entre les amendements et les engrais.

1. — Nous avons dit plus haut que le meilleur sol est celui qui contient, dans une proportion convenable, *l'argile*, la *chaux*, et le *sable* mélangés à une certaine quantité *d'humus* ou *terreau*. Lorsque l'un de ces principes ou terres élémentaires figure en trop petite proportion, l'équilibre se trouve détruit, et, par suite, le sol ne se présente plus dans de bonnes conditions pour la végétation.

2. — Rétablir un juste équilibre entre les divers éléments du sol, le rendre plus léger,

s'il est trop lourd, et réciproquement ; augmenter sa perméabilité, si elle n'est pas suffisante, en un mot, corriger ses défauts, c'est l'*amender*.

3. — Il existe plusieurs moyens d'amender ou de fertiliser le sol. Ces moyens constituent ce que nous appelons les *agents fertilisateurs du sol* ou *amendements*. Souvent on a confondu ces agents avec les *agents nourriciers des végétaux* ou *engrais*.

Nous croyons utile d'établir le plus clairement possible, la distinction entre les amendements et les engrais.

4. — Pour nous, l'amendement est tout ce qui peut modifier avantageusement l'état du sol, soit physiquement, soit chimiquement, de manière à le mettre dans les conditions les plus favorables à la végétation.

5. — Quelques auteurs, notamment Thaër, ont pensé que l'amendement n'est qu'une amélioration physique ; nous ne partageons pas cette opinion.

6. — Nous préférons admettre que la plupart des amendements, outre la propriété qu'ils ont de modifier les conditions physiques du sol, agissent plus ou moins énergiquement, tantôt

sur les éléments du sol, en développant leurs
facultés végétatives, tantôt sur les substances
confiées au sol pour la nourriture des végétaux,
en rendant ces substances plus appétissantes et
plus facilement assimilables aux végétaux. Cette
double action physique et chimique est remar-
quable principalement dans la chaux. Cette
substance, en effet, divise et ameublit le sol et
favorise, en même temps, la décomposition des
matières qu'il contient, matières qui resteraient
inertes et, par conséquent, sans effet sur les végétaux, sans la présence de la chaux.

7. — Nous entendons par engrais, toute substance servant particulièrement à la nourriture
des végétaux.

8. — Une comparaison fera comprendre le rôle
des amendements et des engrais lorsqu'ils se
trouvent en présence.

Supposons un vase d'une composition métal-
lique renfermant des principes dangereux pour
la santé ; ce vase, en outre, est mal préparé.
Dans ces conditions, on y place tous les éléments constitutifs d'un mets connu pour être
exquis et pour produire les plus heureux effets
sur l'estomac.

Qu'arrive-t-il ?

Ce mets une fois préparé est peu appétissant , l'estomac le repousse et , s'il parvient à en absorber quelque peu , il en ressent les fâcheux effets.

Dans notre comparaison , le vase dont la composition renferme des principes malsains et qui est mal préparé, c'est la terre contenant, en trop grande ou en trop petite quantité, un de ses éléments constitutifs, c'est la terre mal labourée, mal préparée; en d'autres termes, c'est la terre contenant des substances qui paralysent ses forces végétatives, c'est-à-dire mal amendée.

Le mets, c'est l'engrais ou la nourriture du végétal confiée à la terre mal amendée.

Dans cette situation , le végétal n'absorbera pas l'engrais, ou s'il l'absorbe, il n'en profitera pas, à cause des conditions défavorables dans lesquelles il lui est présenté.

En modifiant la composition du vase et en le préparant bien, le mets eût été trouvé excellent, il eût été absorbé facilement par l'estomac et eût produit tout le bien qu'on en attendait.

En modifiant également la composition de la terre, en lui donnant un amendement convenable, l'engrais ou la nourriture qu'on lui confiera pour le végétal sera promptement et facilement assimilée et produira sur lui d'excellents effets.

La conclusion à tirer : c'est que l'amendement, en tant qu'amendement, agit toujours, plus ou moins, sur le sol, et, le plus souvent, aussi sur les substances qu'il contient; l'engrais, en tant qu'engrais, agit sur les végétaux seulement.

QUESTIONNAIRE.

1. — Qu'arrive-t-il lorsqu'un des principes constitutifs du sol figure en trop grande ou en trop petite proportion ?

2. — Qu'entend-on par amender le sol ?

3. — Existe-t-il plusieurs moyens d'amender le sol ?

4. — Qu'entend-on par amendement ?

5. — Quelle est l'opinion de Thaër sur le mode d'action des amendements ?

6. — Quelle opinion doit-on admettre de préférence ?

7. — Que doit-on entendre par engrais ?

8. — L'action des amendements et des engrais est-elle la même ? — Expliquez, par une comparaison, la différence d'action de ces deux sortes d'agents.

CHAPITRE VIII.

Des agents atmosphériques.

1. — Il existe encore une autre classe d'agents agricoles, qui ne sont pas au pouvoir de l'homme, et qui jouent cependant un rôle très-important en agriculture ; nous les appellerons *agents atmosphériques.*

Les agents atmosphériques ne sont ni des amendements, ni des engrais proprement dits, mais ils agissent, à la fois, à la manière des amendements et des engrais. Ce sont : l'*air*, le *vent*, la *pluie*, le *brouillard*, la *rosée* et la *neige.*

Air.

2. -- L'*air* (oxygène et azote) est un corps gazeux ou fluide.

3. — On appelle *corps gazeux* ou *fluides* des réunions, en nombre illimité, de petits éléments invisibles, séparés les uns des autres par des intervalles plus ou moins grands.

4. — On désigne plus particulièrement sous le nom de fluides les corps dont on ne connaît

pas bien la nature et que nous ne pouvons ni voir, ni toucher.

5. — L'air entoure toute la terre, il constitue le milieu invisible dans lequel les hommes, les animaux, les végétaux sont plongés; ce milieu s'appelle *atmosphère*. Les anciens nommaient l'air, avec une grande raison, l'*aliment de la vie*.

6. — L'air pur est composé de deux corps gazeux, appelés oxygène et azote.

7. — L'air se décompose facilement; l'oxygène entre dans la composition des végétaux et active puissamment la vie végétative.

8. — L'azote a aussi une influence sur la végétation, mais cette influence n'est pas la même que celle de l'oxygène. D'après des expériences qui paraissent concluantes, le rôle de l'azote semble être de tempérer l'énergie de l'oxygène et de quelques autres gaz.

9. — L'air n'est pas ordinairement pur.

10. — Dans cet état, il renferme de l'eau, de l'ammoniaque, du fluide électrique et divers gaz, notamment de l'acide carbonique.

11. — Ce dernier gaz a une puissante action sur la végétation; c'est lui que les plantes absorbent sous l'influence de la lumière.

12. — L'air, en pénétrant dans les pores du sol, l'ameublit et lui apporte parfois certains gaz, qui sont absorbés par les racines des végétaux. Il agit de même sur les feuilles, en leur fournissant également plusieurs gaz.

13. — Le *vent* n'est autre chose que l'air plus ou moins agité et offrant des courants plus ou moins rapides. Lorsque les vents sont modérés, ils impriment à la tige et aux feuilles des végétaux un mouvement qui constitue une sorte de gymnastique utile à leur développement ; lorsqu'ils sont violents, ils ont un effet nuisible sur les végétaux : ils brisent les branches, arrachent les feuilles, déracinent les tiges ; mais, dans cet état, ils ont encore quelque utilité, car ils aèrent le sol et favorisent l'évaporation de l'eau qu'il peut contenir parfois en trop grande abondance ; enfin, ils agitent les gaz répandus dans l'atmosphère et en opèrent divers mélanges qu'ils présentent à l'absorption des végétaux.

Les autres agents atmosphériques, c'est-à-dire la pluie, le brouillard, la rosée et la neige, étant le résultat d'un abaissement plus ou moins grand de la température, disons, avant d'aller plus loin, ce que c'est que la *température*.

Température.

14. — C'est la quantité de calorique répandu dans l'atmosphère.

Lorsque l'atmosphère contient une grande quantité de calorique, on dit que la température est *chaude, haute* ou *élevée*.

Lorsque l'atmosphère ne contient ni trop, ni trop peu de calorique, c'est-à-dire une quantité moyenne, on dit que la température est *douce* ou *moyenne*.

Lorsque l'atmosphère contient une faible quantité de calorique, on dit que la température est *froide* ou *basse*.

Nuages et pluie.

15. — Lorsque l'air contient une certaine quantité de vapeurs d'eau condensées par le refroidissement, c'est-à-dire des *nuages* et que la température s'abaisse, ces vapeurs déjà condensées se transforment en gouttes d'eau plus ou moins grosses : c'est la *pluie*.

16. — La *pluie* est donc l'eau qui tombe des nuages.

17. — Le refroidissement n'agit pas seul dans la formation de la pluie, l'électricité intervient également ; ce qui le prouve, c'est que, lorsque l'atmosphère est chargée d'électricité, c'est-à-dire dans les moments d'orage, les gouttes de pluie tombent beaucoup plus grosses.

18. — La pluie a pour effet d'abaisser la température du sol et celle de l'air environnant ; elle rend au sol et aux végétaux la quantité d'eau qu'ils ont perdue par l'évaporation. Parfois, en parcourant l'atmosphère, elle se charge de sels et de gaz (entre autres, d'acide carbonique) utiles à la végétation.

Elle lave en tombant les feuilles et les tiges des végétaux et facilite ainsi l'accomplissement d'un phénomène qu'on appelle la respiration végétale.

Lorsque les gouttes sont grosses et tombent avec violence, elles débarrassent, dans leur chute, les végétaux des chenilles, des pucerons et autres insectes nuisibles.

QUESTIONNAIRE.

1. — Qu'entend-on par agents atmosphériques ? Nommez-les ?

2. — Qu'est-ce que l'air ?

3. — Qu'appelle-t-on corps gazeux ou fluides ?

4. — Qu'entend-on plus particulièrement par fluides ?

5. — Qu'est-ce que l'atmosphère ?

6. — De quels gaz l'air pur est-il composé ?

7. — Quelle est l'action de l'oxygène sur la végétation ?

8. — Quelle est l'action de l'azote sur la végétation ?

9. — L'air est-il ordinairement pur ?

10. — Lorsqu'il n'est pas pur, quelles sont les substances qu'il contient ?

11. — L'acide carbonique a-t-il une puissante action sur la végétation ?

12. — Quelle est l'action de l'air sur le sol et sur les végétaux ?

13. — Qu'est-ce que le vent ? — Ses effets ?

14. — Qu'est-ce que la température ?

15. — Qu'est-ce que les nuages ?

16. — Qu'est-ce que la pluie ?

17. — Quels sont les deux agents qui interviennent dans la formation de la pluie ?

18. — Quels sont les effets de la pluie sur le sol et sur les plantes ?

CHAPITRE IX.

Des agents atmosphériques.

(Suite.)

Brouillard.

1. — Les *brouillards* sont des vapeurs d'eau , formant des espèces de nuages qui occupent toujours les basses régions de l'atmosphère. Lorsque les brouillards s'élèvent , ils se transforment en nuages proprement dits.

L'effet des brouillards est d'entretenir l'humidité du sol et des végétaux et de leur apporter certains principes plus ou moins fertilisants.

Rosée.

2. — La *rosée* est de la vapeur d'eau qui , par suite du refroidissement des végétaux , se condense à leur surface.

Les effets de la rosée sont à peu près les mêmes que ceux du brouillard.

Neige.

3. — La *neige* est formée par des vapeurs d'eau qui ont perdu, par suite d'un refroidissement subit de l'atmosphère, une quantité de calorique plus que suffisante pour se condenser et tomber en gouttes de pluie ; ces vapeurs d'eau, trop refroidies, tombent alors en flocons de neige.

La neige procure un utile abri aux plantes qu'elle couvre ; elle les protége très-avantageusement contre les variations trop brusques de la température.

Elle retient, dans le sol, la chaleur et certains gaz utiles à la végétation ; lorsqu'elle séjourne quelque temps sur la terre, elle fait périr une grande quantité d'insectes et de petits animaux nuisibles.

Pour compléter la liste des agents atmosphériques dont le rôle est plus ou moins important en agriculture, nous devons ajouter la *gelée*.

Gelée.

4. — La *gelée* se produit par suite d'un abaissement général de la température ; elle a pour effet de diviser et d'ameublir le sol et de détruire un plus ou moins grand nombre d'insectes nuisibles, selon son intensité.

Quant à l'action de la gelée sur les végétaux, elle est le plus souvent désastreuse.

5.—Il suit de ce qui précède que la gelée agit à la manière d'un procédé fertilisateur ou d'un amendement, mais non à la manière d'un engrais.

Ainsi que nous venons de le voir, la pluie, le brouillard, la rosée, la neige et la gelée sont le résultat d'un abaissement de température plus ou moins grand, ou, en d'autres termes, d'une diminution plus ou moins grande du calorique contenu dans l'atmosphère.

Cette diminution de calorique, lorsqu'elle est suffisamment grande, produit le froid, de même que l'augmentation du calorique produit la chaleur.

Nous le verrons plus loin, la chaleur, lorsqu'elle n'est pas excessive, est utile à la végétation ; il en est de même du froid. Nous avons constaté ses effets particuliers en parlant des effets de la pluie, du brouillard, de la rosée, de la neige et de la gelée.

Effets du froid sur la végétation.

6. — Quant à ses effets généraux, les voici : le froid ralentit à propos le mouvement de la végétation qui, s'il se continuait avec trop d'énergie, aurait pour résultat de fatiguer les organes des végétaux, en les excitant à absorber, trop vite et en trop grande abondance, les principes destinés à les nourrir. Le froid suspend en quelque sorte la vie végétale. Pendant ce temps d'arrêt, les organes des plantes se reposent et se préparent à reprendre toute leur activité et toute leur énergie au premier signal du printemps.

QUESTIONNAIRE.

1. — Qu'est-ce que le brouillard ? — Ses effets.
2. — Qu'est-ce que la rosée ? — Ses effets.
3. — Qu'est-ce que la neige ? — Ses effets.
4. — Qu'est-ce que la gelée ? — Ses effets.
5. — Comment agit la gelée ?
6. — Quels sont les effets du froid sur le végétation ?

CHAPITRE X.

Des stimulants.—Ce qu'on doit en penser.

1. — On appelle *stimulants* certaines substances qui excitent les végétaux à se nourrir.

Ces substances ont une action toute particulière sur la végétation qu'elles *stimulent.*

Nous les connaissons déjà, car nous les avons fait figurer parmi les amendements et parmi les engrais.

2. — Les principaux stimulants, d'après plusieurs auteurs, sont : le *plâtre*, les *plâtras*, les *cendres de bois*, les *cendres de plantes marines*, les *coquilles d'huîtres*, le *falun*, le *sel marin*, etc.

3. — On admet que les stimulants agissent sur les plantes en excitant leur appétit, à peu près comme le sel, le poivre et autres assaisonnements de ce genre, excitent l'appétit de l'estomac chez l'homme.

4. — Pour notre compte, nous préférons admettre que les prétendus stimulants que l'on a signalés jusqu'à présent, sont tout simplement des engrais, puisqu'on retrouve les substances

qu'ils contiennent, dans la composition des végétaux.

La particularité qu'offrent ces engrais, c'est qu'ils sont doués d'une puissante énergie et très-appétissants pour les végétaux, qui se les assimilent avec la plus grande facilité.

5. — Le plâtre qui, seul parmi les substances minérales, a une action toute spéciale sur les feuilles de certains végétaux, paraît agir à la façon d'un stimulant. Le sel semble parfois jouer aussi le rôle d'un stimulant. Nous désignerons ces substances sous le nom de *stimulants minéraux*.

6. — Il est encore trois agents d'une nature particulière, que nous trouverions rationnel de ranger dans la classe des stimulants ; ce sont : la *lumière*, le *calorique*, et l'*électricité*.

7. — La *lumière* est un fluide qui émane du soleil. La lumière ne contribue en rien à l'amendement du sol et elle n'apporte rien aux végétaux pour leur nourriture, mais elle a une grande influence sur eux : elle les excite à absorber certains gaz très-utiles à leur développement, principalement l'acide carbonique.

Lorsqu'une plante est privée de lumière —

tout le monde a pu faire cette remarque, — elle perd de sa fraîcheur, de sa vigueur ; les parties vertes pâlissent et s'étiolent, la plante souffre. La lumière est donc utile à la végétation ; elle n'agit ni comme amendement, ni comme engrais, mais plutôt comme stimulant.

8. — Le *calorique* est un fluide très-abondamment répandu dans l'atmosphère, il est la source de toute chaleur.

9. — La *chaleur* est la sensation produite par l'action du calorique.

Le soleil envoie à la terre une grande quantité de calorique, c'est la chaleur solaire. Elle réchauffe la terre et facilite certaines combinaisons chimiques indispensables à la germination. C'est sous son influence que s'opère la fermentation de la plupart des engrais et qu'ils abandonnent leurs sucs nourriciers aux racines des végétaux.

La chaleur active considérablement le mouvement de la végétation. Elle dilate les pores des racines et des feuilles, et augmente ainsi la faculté d'absorption des végétaux, qui, dans ces conditions, s'assimilent une plus grande quantité d'aliments.

10. — L'*électricité* est un fluide très-répandu dans la nature, dont nous connaissons les principaux effets par ceux de la foudre et du télégraphe électrique. L'action du fluide électrique sur la végétation est encore peu connue ; cependant, plusieurs observateurs ont constaté que, pendant les temps orageux, c'est-à-dire dans les moments où l'électricité abonde dans l'atmosphère, les graines germent plus facilement, les fruits mûrissent plus promptement, en un mot, la vie végétale est plus active.

Donc l'électricité, qui ne paraît avoir aucune action, au moins sensible, sur le sol et qui ne sert pas à l'alimentation des végétaux, agit plutôt sur eux en excitant les forces végétatives, à la façon d'un stimulant.

11. — Les considérations qui précèdent nous conduisent, en l'état actuel de la science, à regarder la lumière, le calorique et l'électricité comme trois stimulants, que nous désignerons sous le nom de *stimulants atmosphériques*.

QUESTIONNAIRE.

1. — Qu'appelle-t-on stimulants ?
2. — Quels sont les principaux stimulants ?

3. — Comment explique-t-on l'action des stimulants ?

4. — Les stimulants signalés jusqu'à présent ne sont-ils pas plutôt des engrais énergiques ?

5. — Le plâtre et le sel ne peuvent-ils pas être considérés comme des stimulants minéraux ?

6. — N'y a-t-il pas d'autres agents qui, rationnellement, pourraient être regardés comme des stimulants ? Nommez ces agents ?

7. — Qu'est-ce que la lumière ? — Ses effets sur les végétaux.

8. — Qu'est-ce que le calorique ?

9. — Qu'est-ce que la chaleur ? — Ses effets sur la végétation.

10. — Qu'est-ce que l'électricité ? — Ses effets sur la végétation.

11. — Sous quel nom convient-il de désigner ces trois stimulants ?

CHAPITRE XI.

Des principes qui forment la partie organique des végétaux.

Par ce qui précède, il demeure établi que les divers engrais, dont nous avons parlé, fournissent aux végétaux des principes qu'ils utilisent, non-seulement pour leur nourriture et leur développement, mais encore pour leur composition intime.

1. — Au nombre de ces principes, nous

trouvons d'abord : le *carbone*, l'*hydrogène*, l'*oxygène* et l'*azote*.

2. — Ces quatre éléments constituent ce qu'on appelle la *partie organique* des végétaux. On désigne ainsi la partie des végétaux qui se dégage et se volatilise sous l'action du feu. Les végétaux se composent d'une autre partie, qu'on appelle *partie inorganique* ; nous l'étudierons plus loin. Pour le moment, nous allons faire connaître, au moins sommairement, les corps que nous venons d'énumérer ; ce sont des *corps simples*. On les désigne encore sous le nom d'*éléments volatils* des végétaux, parce que, lorsqu'on brûle un végétal, ils se volatilisent.

3. — On appelle *corps simples* ceux dont on n'a retiré, jusqu'à présent, qu'une seule matière : tels sont, par exemple, le carbone, l'hydrogène, etc.

Les *corps composés* sont ceux dont on peut extraire plusieurs matières d'espèces différentes, tels sont : l'eau, l'acide sulfurique, etc.

Nous commencerons notre étude par le carbone.

4. — Le *carbone* est un corps simple, noir, sans odeur, sans saveur ; ses principaux carac-

tères sont : la fixité et l'infusibilité, c'est-à-dire qu'il ne peut passer ni à l'état gazeux, ni à l'état liquide ; il existe en grande quantité dans la nature.

Le carbone pur constitue le *diamant*. Dans ce cas seulement, il n'est pas noir.

5. — Le carbone forme en grande partie le *charbon de bois*, le *charbon végétal*, le *charbon animal*, le *charbon de terre*.

L'*oxygène* a été découvert, en 1774, presque en même temps par Priestley et par Scheele ; un peu plus tard, Lavoisier fit connaître ses principales propriétés.

6. — L'*oxygène* est un gaz ou corps gazeux, sans odeur, sans saveur.

7. — On appelle *gaz* ou *corps gazeux*, un corps transparent, invisible, aériforme.

8. — L'oxygène est l'agent par excellence de la respiration, de la combustion et de la végétation.

9. — Il est très-répandu dans la nature et il existe surtout dans l'air et dans l'eau. L'oxygène, qui entretient la respiration, donnerait la mort, si l'air atmosphérique le contenait en trop grande quantité.

10. — Son activité se trouve tempérée par un autre gaz, qu'on appelle *azote*. L'oxygène est permanent , c'est-à-dire qu'on ne peut le faire passer ni à l'état liquide, ni à l'état solide ; quoi qu'on fasse , il reste toujours à l'état de gaz.

11. — L'*hydrogène* a été découvert , vers l'an 1600 ; Cavendish en fit connaître les principales propriétés.

L'hydrogène est un corps simple , gazeux , sans couleur, sans odeur et sans saveur ; c'est le plus léger de tous les gaz , il est permanent.

12. — Loin de ressembler à l'oxygène, dans ses effets, il est complètement impropre à la respiration et à la combustion, car il asphyxie les animaux qui le respirent et éteint les corps qui sont en train de brûler.

13. — Il se trouve en abondance dans les substances animales et végétales.

14. — L'*azote* a été découvert en 1775, par Lavoisier. C'est un corps simple, gazeux, permanent ; il est sans couleur, sans odeur et sans saveur, comme l'hydrogène.

15. — L'azote asphyxie les animaux qui le respirent. Il entre dans la composition de l'air et dans un grand nombre de substances organiques.

QUESTIONNAIRE.

1. — Nommez les éléments qui constituent la partie organique des végétaux.

2. — Qu'appelle-t-on partie organique des végétaux ?

3. — Qu'entend-on par corps simples et corps composés ? — Exemples.

4. — Qu'est-ce que le carbone ?

5. — Quelles sont les substances qui sont formées presque entièrement de carbone ?

6. — Qu'est-ce que l'oxygène ?

7. — Qu'appelle-t-on gaz ?

8. — L'oxygène est-il utile à la respiration, à la combustion et à la végétation ?

9. — Le rencontre-t-on en grande quantité dans l'air et dans l'eau ?

10. — Quel est le gaz qui tempère l'activité de l'oxygène ?

11. — Qu'est-ce que l'hydrogène ?

12. — Est-il propre à la respiration et à la combustion ?

13. — Où le rencontre-t-on ?

14. — Qu'est-ce que l'azote ?

15. — Quel effet produit-il sur les animaux qui le respirent ?

CHAPITRE XII.

De quelques composés qui jouent un rôle très-important en agriculture.

1. — Les quatre corps simples dont nous

venons de parler forment, en s'unissant entre eux, certains composés d'une grande importance en agriculture.

2. — Ces corps sont : *l'eau, l'acide carbonique* et *l'ammoniaque.*

Eau.—Ses divers états.

3. — L'*eau* est un composé d'oxygène et d'hydrogène. Elle se présente à nous sous trois états différents : l'état liquide, l'état solide et l'état gazeux. L'état liquide étant le plus ordinaire et celui dont l'agriculture tire les plus grands avantages ; c'est sous cette forme que nous l'étudierons.

L'eau est transparente, sans couleur, sans odeur et sans saveur. Elle existe en grande quantité dans la nature et l'air en contient en proportion plus ou moins grande.

L'eau qui tombe des nuages est presque complètement pure. Pour qu'elle soit bonne à boire, c'est-à-dire potable, il faut qu'elle fasse bien cuire les légumes et bien dissoudre le savon.

4. — Le plus souvent, l'eau n'est pas pure ; elle contient un plus ou moins grand nombre de substances, selon son origine.

5. — Lorsqu'elle provient des puits ou des sources, elle renferme ordinairement les substances suivantes, en quantité variable : *acide carbonique, carbonate de chaux (plâtre), oxyde de fer, magnésie, silice, ammoniaque, potasse, soude, sel marin,* puis des matières organiques végétales et animales.

Lorsqu'elle provient des rivières, elle contient ordinairement moins de principes calcaires, mais plus de matières organiques.

Ces substances que renferme l'eau, lorsqu'elle n'est pas pure, jouent toutes un rôle plus ou moins important dans la végétation, c'est pourquoi nous avons rangé l'eau au nombre des engrais mixtes.

Acide carbonique. — Ses propriétés.

6. — *L'acide carbonique* a été découvert par Van-Helmont, mais c'est Lavoisier qui en a fait connaître les propriétés.

C'est un corps composé d'oxygène et de carbone; il est gazeux et sans couleur, il a une odeur piquante et une saveur aigre, il éteint les corps en combustion et asphyxie les animaux qui le respirent, il peut passer à l'état liquide et à l'état solide.

7. — L'acide carbonique est très-répandu dans la nature ; il existe dans l'atmosphère, dans l'eau, dans les eaux gazeuses surtout, etc. On le rencontre encore combiné avec la chaux, la soude, la potasse et diverses autres substances ; ainsi que nous l'avons vu, c'est un puissant agent de la végétation.

Ammoniaque — Ses propriétés.

8. — L'*ammoniaque* ou *alcali volatil* est un corps composé d'azote et d'hydrogène ; c'est un gaz d'une saveur âcre, d'une odeur forte et désagréable et qui prend vivement à la gorge.

9. — Le gaz ammoniaque est très-répandu dans la nature ; il existe dans les urines, dans les fumiers, dans les excréments, dans les matières animales, surtout lorsqu'elles sont en putréfaction.

10. — L'ammoniaque a de fréquents usages : dans les cas de piqûres d'abeilles, de morsures de chien enragé, de vipère. On l'emploie pour faire disparaître les gonflements qui surviennent

aux animaux repus d'herbes fraîches ; elle dis-
sipe les fumées du vin.

QUESTIONNAIRE.

1· — Les quatre corps simples dont nous avons parlé au chapitre précédent ne forment-ils pas, en s'unissant entre eux, des corps composés ?

2. — Nommez ces corps ?

3. — Qu'est-ce que l'eau ? — Indiquez ses principaux états.

4. — L'eau est-elle toujours pure ?

5. — Lorsqu'elle n'est pas pure, quelles sont les substances qu'elle contient ?

6. — Qu'est-ce que l'acide carbonique ? — Indiquez ces principales propriétés.

7. — Où le rencontre-t-on ?

8. — Qu'est-ce que l'ammoniaque ?

9. — Où la rencontre-t-on ?

10. — Quels sont ses principaux usages ?

CHAPITRE XIII.

Des corps qui forment la partie inorganique des végétaux.

1. — Outre les quatre éléments que nous avons étudiés plus haut et qui composent la partie organique des végétaux , il existe plu-

sieurs substances qui constituent ce qu'on appelle la *partie inorganique* des végétaux. On désigne ainsi la partie des végétaux, qui, sous l'action du feu, produit un résidu blanchâtre ou grisâtre qu'on appelle cendre.

2. — Les substances qui forment la partie inorganique des végétaux sont : la *chaux*, la *potasse*, la *soude*, la *magnésie*, l'*oxyde de fer*, l'*oxyde de manganèse*, la *silice*, l'*acide sulfurique*, l'*acide phosphorique* et le *chlore*.

Toutes ces substances, moins le chlore, sont des corps composés. On les appelle *éléments fixes* des végétaux, parce que, lorsqu'on brûle un végétal, ce sont ces substances qui restent après la combustion.

Chaux.

3. — Nous avons parlé de la *chaux* au chapitre V, page 26 ; en conséquence, nous y renvoyons le lecteur.

Potasse.

4. — La *potasse* est blanche, fusible, d'une saveur âcre et caustique ; elle est très-soluble

dans l'eau et se transforme promptement en liquide au contact de l'air. La nature en contient en abondance , mais elle ne s'y rencontre pas à l'état de liberté. Les savonniers l'emploient pour la confection des savons mous. Elle existe, en plus ou moins grande quantité , dans les cendres de bois.

Soude.

5. — La *soude* est blanche ; elle jouit des mêmes propriétés que la potasse, mais , au lieu de se liquéfier au contact de l'air , elle devient plus sèche. La nature en renferme beaucoup, mais pas à l'état libre ; elle se rencontre souvent combinée avec les acides sulfurique , carbonique et azotique ; elle sert à la confection des savons durs ; elle se rencontre dans les cendres provenant de la combustion des plantes marines et dans le sel ordinaire.

Magnésie.

6. — La *magnésie* se présente à nous sous la forme d'une poudre blanche et douce au toucher ; elle est très-peu soluble dans l'eau ; elle n'existe

pas en liberté dans la nature. On la rencontre principalement dans l'eau de mer, dans certaines pierres calcaires ; elle se trouve en petite quantité dans les plantes ; les cendres des grains de froment , des pois et des haricots en contiennent en petite proportion.

Oxyde de fer.

7. — *L'oxyde de fer* est d'une couleur jaunâtre, plus ou moins foncée ; il est très-abondant dans la nature ; la rouille qui recouvre le fer abandonné à l'air humide n'est autre chose que de l'oxyde de fer. Il entre en grande proportion dans la composition de certains terrains ; sa présence s'y révèle par leur couleur de rouille ; on le rencontre également dans certaines eaux de sources , etc.

Oxyde de manganèse.

8. — *L'oxyde de manganèse* ressemble souvent à l'oxyde de fer ; il se rencontre, comme lui, dans certains sols et dans quelques cendres de végétaux, mais en très-petite quantité.

Silice.

9. — La *silice* est une substance très-répandue dans la nature. Elle se présente à nous sous des formes très-variées, dont les principales sont : le *sable*, la *pierre à fusil*, la *pierre meulière*, le *cristal de roche*. Elle existe en très-grande abondance dans certains terrains, qu'on appelle pour cette raison, siliceux ou sablonneux. On la rencontre dans quelques cendres de plantes, notamment dans les cendres de pailles de froment.

Acide sulfurique.

10. — L'*acide sulfurique* a été découvert, vers la fin du XV° siècle, par Basile Valentin. C'est Lavoisier qui en a fait connaître les propriétés. C'est un corps composé de soufre et d'oxygène ; il est tantôt solide, tantôt liquide ; c'est un poison très-actif. Il n'existe jamais dans les végétaux qu'à l'état de combinaison avec la potasse, la soude, la chaux et la magnésie.

Acide phosphorique.

11. — L'*acide phosphorique* est composé de

phosphore et d'oxygène ; il est solide à la température ordinaire , sans couleur, sans odeur et d'une saveur très-acide ; c'est un poison. Dans le plus grand nombre de circonstances, on le rencontre combiné avec la chaux, la potasse, la soude , la magnésie. Il existe dans les urines, dans les os, dans plusieurs graines , particulièrement dans les céréales.

Chlore.

12. — Le *chlore* est un corps simple, gazeux à la température ordinaire , jaune-verdâtre, d'une saveur et d'une odeur fortes et désagréables ; il se rencontre dans certaines plantes marines. Le sel marin (chlorure de sodium) en contient une grande quantité. Il existe, combiné avec la soude, en quantité variable, dans les végétaux.

QUESTIONNAIRE.

1. — Qu'entend-on par partie inorganique des végétaux ?

2. — Nommez les substances qui constituent la partie inorganique des végétaux.

3. — Qu'est-ce que la chaux ? — Donnez quelques détails sur cette substance.

4. — Qu'est-ce que la potasse ? — Donnez quelques détails sur cette substance.

5. — Qu'est-ce que la soude ? — Donnez quelques détails sur cette substance.

6. — Qu'est-ce que la magnésie ? — Donnez quelques détails sur cette substance.

7. — Qu'est-ce que l'oxyde de fer ? — Donnez quelques détails sur cette substance.

8. — Qu'est-ce que l'oxyde de manganèse ? — Donnez quelques détails sur cette substance.

9. — Qu'est-ce que la silice ? — Donnez quelques détails sur cette substance.

10. — Qu'est-ce que l'acide sulfurique ? — Indiquez ses principales propriétés.

11. — Qu'est-ce que l'acide phosphorique ? — Indiquez ses principales propriétés.

12. — Qu'est-ce que le chlore ? — Indiquez ses principales propriétés.

CHAPITRE XIV.

Sources principales auxquelles les végétaux puisent les divers éléments qu'ils s'assimilent.

1. — Tous les corps dont nous avons parlé au chapitre précédent sont absorbés par les végétaux, qui se les assimilent, c'est-à-dire les transforment en leur propre substance.

2. — La preuve de cette assimilation, c'est,

ainsi que nous l'avons dit plus haut, qu'à la décomposition des végétaux on retrouve tous ces corps en plus ou moins grande quantité.

Les végétaux les empruntent aux milieux où ils vivent, mais à différentes sources. Ainsi :

3. — Le *carbone* est emprunté à l'air et au sol, par l'intermédiaire des feuilles et des racines, à l'état d'acide carbonique.

4. — L'*hydrogène* est emprunté à l'eau contenue, soit dans l'air, soit dans le sol, par l'intermédiaire des feuilles et des racines.

5. — L'*oxygène* est emprunté, tantôt à l'air, tantôt à l'eau, par l'intermédiaire des feuilles et des racines.

6. — L'*azote* est emprunté à l'air ou aux agents nourriciers des végétaux, ou engrais.

7. — On n'est pas encore bien fixé sur le point de savoir si les végétaux empruntent l'azote qui est en liberté dans l'air, ou si plutôt ils empruntent celui qui est à l'état d'ammoniaque. Cette dernière opinion est la plus généralement adoptée.

Voilà pour les quatre corps simples qui constituent la partie organique des végétaux.

Quant aux substances qui constituent la

partie inorganique, voici comment elles sont fournies :

8. — L'*argile* ou *terre glaise* fournit de l'ammoniaque.

9. — La *marne* fournit de la chaux et quelques sels ammoniacaux.

10. — Le *plâtre* fournit de la chaux unie à de l'acide sulfurique.

11. — Le *falun*, les *écailles* d'huîtres et de moules fournissent des phosphates de chaux et de la magnésie.

12. — Les *cendres de bois* fournissent de la potasse, de la soude et des sels alcalins.

13. — Les *cendres de houille* fournissent de la magnésie, de l'oxyde de fer, du soufre, etc.

14. — Les *substances salines* fournissent du sel commun, du sulfate de soude, du nitrate de potasse (salpêtre), du nitrate de soude, du silicate de soude (verre à vitre).

15. — L'*eau*, nous l'avons déjà dit, contient plus ou moins de substances étrangères, selon son origine. Les eaux de puits ou de source peuvent fournir les substances que nous avons déjà énumérées au chapitre XII ; ce sont : l'acide carbonique, le carbonate de chaux (plâtre),

l'oxyde de fer, la magnésie, la silice, l'ammoniaque, la potasse, la soude, le sel marin, etc.

Nous ferons remarquer que toutes ces matières, que les végétaux s'assimilent pour former leur partie inorganique, sont fournies par des substances dont nous avons déjà beaucoup parlé et que nous avons considérées comme remplissant à la fois le rôle d'amendements et d'engrais, à cause de leur double action sur le sol et sur les végétaux.

Voyons maintenant quelles sont les substances fournies par les agents que nous avons considérés plus spécialement comme engrais.

16. — Le *sang* fournit de l'azote, des phosphates, des chlorures, des sulfates alcalins.

17. — Les *poils*, les *plumes*, les *chiffons* de laine, les *tendons*, les *rognures* de cuir, etc., fournissent de l'azote.

18. — Les *os* fournissent du phosphate et du carbonate de chaux.

19. — Les *excréments des animaux* fournissent des principes azotés et des substances salines.

20. — Les *excréments des oiseaux* fournissent des substances azotées.

21. — Les *urines* fournissent à peu près tous

les principes inorganiques des végétaux, surtout l'acide phosphorique, la potasse, la soude, etc., puis l'*urée*, substance très-azotée, qui, en se décomposant, produit beaucoup d'ammoniaque.

22. — Le *guano* fournit des substances très-azotées et, en outre, tous les principes qui constituent la partie inorganique des végétaux.

23. — Les *excréments humains* fournissent de l'eau, des matières organiques, des débris végétaux et animaux ; des phosphates de chaux, de soude, de magnésie ; des sulfates de potasse, de chaux, de soude ; des carbonates de soude et de chaux ; du chlorure de sodium.

24. — Les *récoltes vertes* fournissent beaucoup de matières azotées.

25. — Les *varechs*, les *vases* ou limons de mer, les *tangues*, fournissent des carbonates de chaux, de la soude et des principes salins.

QUESTIONNAIRE.

1. — Tous les corps que nous avons énumérés dans le chapitre précédent sont-ils absorbés par les végétaux ?

2. — Qu'est-ce qui prouve cette absorption ?

3. — Où les végétaux trouvent-ils le carbone qu'ils absorbent ?

4. — Où trouvent-ils l'hydrogène ?

5. — Où trouvent-ils l'oxygène ?

6. — Où trouvent-ils l'azote ?

7. — Les végétaux empruntent-ils l'azote qui est en liberté dans l'air, ou celui qui est à l'état d'ammoniaque ?

8. — Que fournit l'argile ?

9. — Que fournit la marne ?

10. — Que fournit le platre ?

11. — Que fournissent le falun, les écailles d'huîtres et de moules ?

12. — Que fournissent les cendres de bois ?

13. — Que fournissent les cendres de houille ?

14. — Que fournissent les substances salines ?

15. — Que fournit l'eau ?

16. — Que fournit le sang ?

17. — Que fournissent les poils ? —les plumes ?—les chiffons de laine ? — les tendons ? — les rognures de cuir, etc. ?

18. — Que fournissent les os ?

19. — Que fournissent les excréments des animaux ?

20. — Que fournissent les excréments des oiseaux ?

21. — Que fournissent les urines ?

22. — Que fournit le guano ?

23. — Que fournissent les excréments humains ?

24. — Que fournissent les récoltes vertes ?

25. — Que fournissent les varechs ?— les vases ou limons de mer et les tangues ?

CHAPITRE XV.

Des agents indispensables à l'agriculture.

1. — Il est une remarque, qui, sans doute, aura déjà été faite, c'est qu'il existe trois agents qui jouent un rôle principal en agriculture et dont nous n'avons pas encore parlé.

Ces agents sont : la *terre*, l'*air* et l'*eau*.

2. — La *terre* est le vaste réservoir qui contient tous les végétaux dont s'occupe l'agriculture et toutes les substances qui servent à la nourriture de ces mêmes végétaux. C'est dans le sein de la terre que s'accomplissent, à l'aide de la chaleur, de la perméabilité, de la capillarité, de l'électricité, etc., la plupart des combinaisons chimiques, si utiles à la végétation.

3. — L'*air* est l'immense véhicule qui apporte de toutes parts aux végétaux, mais surtout à leurs tiges et à leurs feuilles, de nombreux principes servant à leur alimentation.

L'air, ainsi que nous le verrons plus tard, joue un rôle très-important dans la fécondation de certaines plantes.

L'eau est aussi un puissant véhicule.

4. — L'*eau* est aussi un puissant véhicule qui apporte, tantôt aux racines, tantôt aux feuilles des végétaux, de nombreux éléments déstinés à la nourriture et au développement de ces mêmes végétaux. L'eau est encore l'agent qui dissout un grand nombre de principes fertilisants, et sous l'influence duquel s'effectuent d'importantes combinaisons chimiques.

L'eau ne se contente pas d'apporter jusqu'aux feuilles et jusqu'aux racines du végétal les principes qui servent à sa nourriture, mais elle charrie ces mêmes principes dans toutes ses parties, jusque dans le plus petit de ses organes.

Ces trois puissants agents de la végétation, comme on le voit, ont une double action résultant de leurs éléments constitutifs et des substances étrangères qu'ils apportent aux végétaux et dont ils facilitent la combinaison et l'assimilation.

5. — Pour compléter la liste des agents indispensables à l'agriculture, il faudrait en ajouter deux autres : la *chaleur* et la *lumière*. C'est sous l'influence de ces deux agents que s'opèrent la plupart des mélanges et des phénomènes chimi-

ques qui ont pour résultat un accroissement d'activité et d'énergie dans la vie végétale.

6. — En résumé, nous comptons cinq agents indispensables à l'agriculture ; ce sont : la *terre*, l'*air*, l'*eau*, la *chaleur* et la *lumière*.

QUESTIONNAIRE.

1. — Quels sont les agents qui jouent un rôle principal en agriculture ?

2. — Indiquez le rôle de la terre.

3. — Indiquez le rôle de l'air.

4. — Indiquez le rôle de l'eau.

5. — N'existe-t-il pas deux agents aussi importants que les premiers ?

6. — Quel est, en résumé, le nombre des agents indispensables à l'agriculture ?

Nous pensons avoir rempli le programme que nous nous sommes tracé : après avoir étudié le sol, nous avons fait connaître les principaux procédés et agents destinés à l'améliorer et les divers agents nourriciers des plantes ; mais, à tout cela, il faut ajouter l'*activité* et l'*intelligence* du cultivateur. Sans l'intervention de ces deux nouvelles forces, toutes les autres demeurent frappées d'impuissance ou conduisent à des résultats trop souvent défectueux.

TABLE DES MATIÈRES.

Caen, typ. F. Le Blanc-Hardel.

A B C

D'ANATOMIE ET DE PHYSIOLOGIE VÉGÉTALES

PAR M. L. FERET

Un volume in-18

FLORE DE NORMANDIE

PAR R. DE BRÉBISSON

Un volume in-12. — Nouvelle édition

PRIX : 6 FRANCS